綠胸晏蜓 P5

喜歡高空飛行，生活在低、中海拔的湖泊、池塘等水域。現今數量不少，普遍也可在都市水池見到。通常可看到牠們雄前雌後的連結在一起產卵。

小白鷺 P6

在湖沼、水田、河岸、沙灘等地，都可看到牠的蹤跡。捕食時，會邊走邊用單腳驚擾水中的魚蝦。

夜鷺 P6、15（幼鳥）、17

閩南語稱「暗光鳥仔」。非常聰明，可長時間站在水邊動也不動，甚至利用落葉誘捕蛙類、魚蝦等生物。幼鳥（P15，為亞成鳥）和成鳥的體色差異很大。成鳥的公或母不容易分辨。

蒼鷺 P7、9、36

雖是冬候鳥，但仍可在盛夏發現少數個體。常在海邊、河口、池塘及沼澤等地活動。

作者簡介 | 邱承宗

1954年生，畢業於日本東京攝影專門學校，曾任《兒童日報》攝影主任、創辦紅蕃茄出版社。
作品曾兩度入選波隆那兒童插畫展、獲金鼎獎、豐子愷圖畫書獎與中時開卷年度兒童十大好書
等多項大獎。創作三十年，每每在新作品中嘗試新觀點與繪畫技巧，而其中不變的是貼近自
然、描繪生命的熱忱與關懷。

◉◉ 知識繪本館

翠鳥

作者 | 邱承宗
責任編輯 | 戴淳雅　美術設計 | 李潔　行銷企劃 | 陳雅婷、劉盈萱

天下雜誌群創辦人 | 殷允芃　董事長兼執行長 | 何琦瑜
媒體暨產品事業群
總經理 | 游玉雪　副總經理 | 林彥傑
總編輯 | 林欣靜　版權主任 | 何晨瑋、黃微真

出版者 | 親子天下股份有限公司　地址 | 台北市104建國北路一段96號4樓
電話 | （02）2509-2800　傳真 | （02）2509-2462
網址 | www.parenting.com.tw
讀者服務專線 | （02）2662-0332　週一～週五：09:00~17:30
讀者服務傳真 | （02）2662-6048　客服信箱 | parenting@cw.com.tw
法律顧問 | 台英國際商務法律事務所·羅明通律師
製版印刷 | 中原造像股份有限公司
總經銷 | 大和圖書有限公司　電話：（02）8990-2588
出版日期 | 2020年9月第一版第一次印行
　　　　　2023年5月第一版第二次印行

定價 | 380元　書號 | BKKKC157P
ISBN 978-957-503-679-9（精裝）

國家圖書館出版品預行編目資料

翠鳥 / 邱承宗 文·圖.
　－第一版.－臺北市：親子天下，　2020.09
　40面；22.6 x 29.6公分.－
　ISBN 978-957-503-679-9(精裝)

388.894　　　　　　　　　　　109013808

訂購服務
親子天下 Shopping | shopping.parenting.com.tw
海外 · 大量訂購 | parenting@cw.com.tw
書香花園 | 台北市建國北路二段6巷11號　電話（02）2506-1635
劃撥帳號 | 50331356　親子天下股份有限公司

立即購買 >

Kingfisher

翠鳥

文·圖 邱承宗

2

星期六，
我和哥哥去我們家附近的公園釣魚，
那裡有座大水池。

水池生態非常豐富，
除了水生植物以外，
岸邊還有許多豆娘、蜻蜓飛來飛去。

5

CHin 2 2001.

也有不少漂亮的鳥，
只是我都不知道牠們的名字。

7

CHill202001.

哥哥找了個角落坐下，
忙著測試釣具，
我就看看這裡、看看那裡。

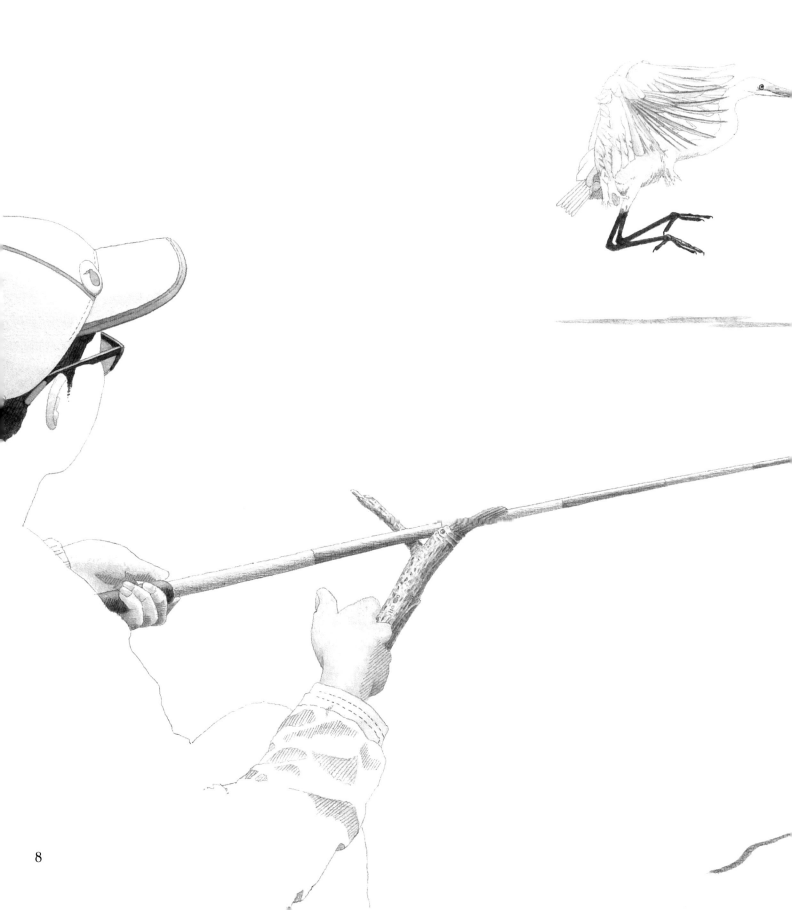

咦，那是什麼？
不遠的地方，好像有隻……鳥？

來不及問哥哥，
牠就飛了起來，停在空中，
不斷拍動翅膀。

13

CHin 2·2001.

怎麼不見了！
衝進水裡了嗎？

14

CHin 202001.

咦，又飛到樹上去了，
我的眼睛快要跟不上牠的速度。

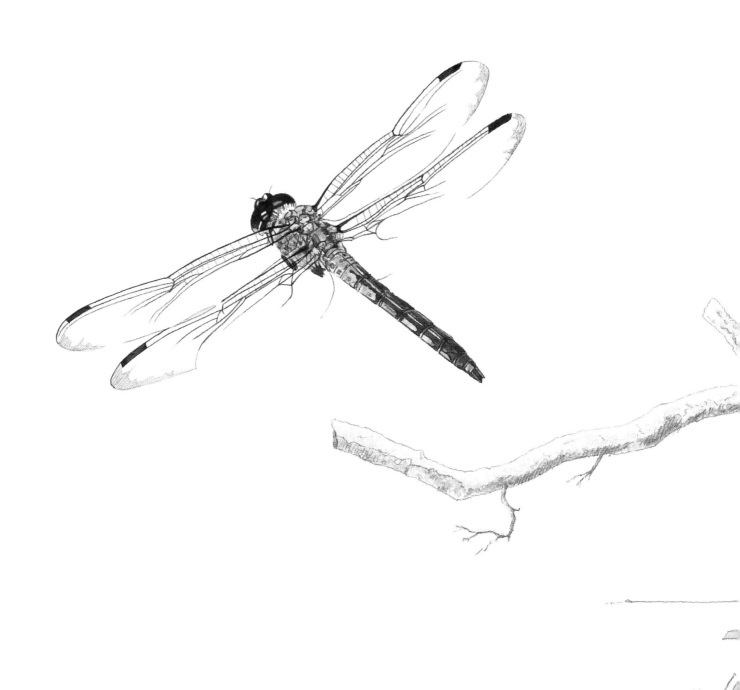

17

那隻鳥咬著一條魚。
牠不斷甩頭、把魚撞向樹枝，
再把魚拋起來、一次次調整角度。

直到魚頭面向自己，才一口氣吞下肚。

「那是魚狗喔，」哥哥壓低聲音：「是一種野鳥。」
可是牠不像魚，也不像狗……

「快看！」哥哥說。

「唧——唧——」
又飛來一隻一樣的鳥，
叫聲好像尖銳的腳踏車剎車聲。
哥哥說：「這隻是公鳥。」

為什麼母鳥都不理牠？是不是害羞呢？
哥哥說：「因為沒有見面禮啊！」

沒多久，公鳥好像有解決方法了。

雖然速度很快，
但這次我瞪大眼睛一直看著牠——

CHiu 2002003

好美啊！牠動作迅速又輕巧，
身上的水珠和羽毛閃閃發光。

CHill202003.

公鳥叼著一條小魚，
飛到母鳥旁邊，
像是要送給母鳥。
牠會接受嗎？

33

哎呀，母鳥好像不滿意。
牠向旁邊移動幾步，
朝著我們飛過來。

牠輕盈的站在哥哥的釣竿上！
我深吸一口氣，
身體不由得向後靠——

37

CHiu 2020006.

母鳥化作一道藍光似的飛走了，我是不是嚇到牠啦？

樹枝上的公鳥愣了一下，
發出尖尖的叫聲，追了過去。

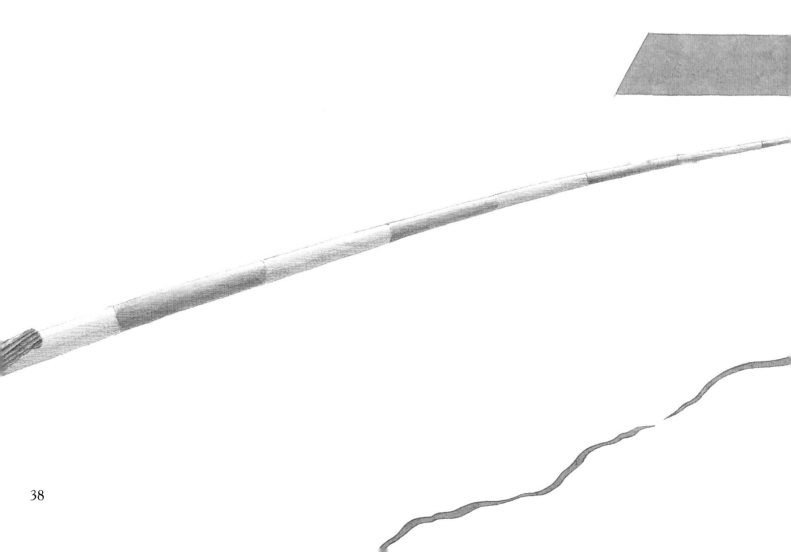

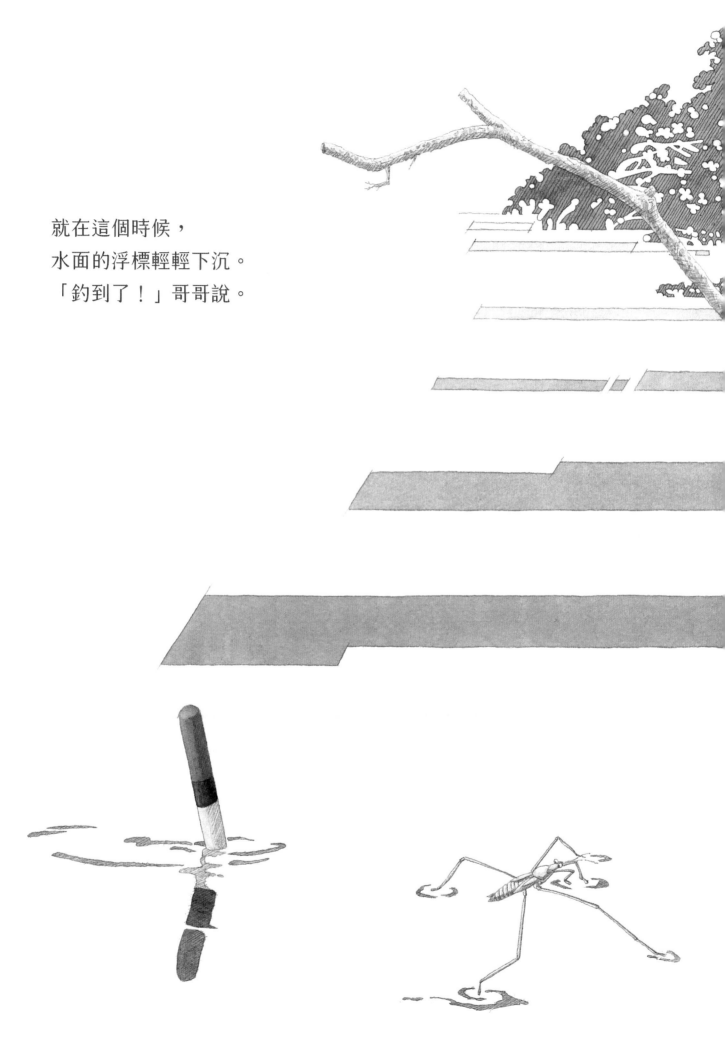

就在這個時候，
水面的浮標輕輕下沉。
「釣到了！」哥哥說。

從溪流到池塘，美麗的藍寶石

高中最後一年的暑假，我到嘉義縣義竹鄉的朋友家小住數天。某天午後，我和朋友與他哥哥到住家附近的小溪玩水。忽然，一陣急促的唧唧叫聲閃電般穿過橋底，當我茫然抬頭張望，只看到一抹猶如藍寶石般亮麗的模糊身影。

我不由得喃喃自語：「那是什麼？」友人哥哥回答：「魚狗，是種野鳥。」我覺得奇怪：魚狗？吃魚的狗？明明是隻鳥啊⋯⋯

時間似水一去不回，當我再看到牠的身影時，已是二十多年後了。當時一旁的女兒伸出小手，指著一隻停在溪中石上的野鳥問：「那是什麼？」

我順著小女孩的手指望過去，這麼回答：「魚狗，是種野鳥。」

「魚狗？牠是什麼鳥？好漂亮喔！」我被問得無話可說，牠到底是什麼鳥呢？

後來才知道魚狗的拉丁學名（*Alcedo atthis*）意思是「倩女般美麗的魚狗」；中文名則是「翠鳥」，至於為什麼叫做翠鳥，可能是蕭規曹隨吧？不過還不難聽。

又過了數年，當我開始追逐蜻蜓後，由於翠鳥與蜻蜓同樣生活在水邊區域，我因此常巧遇翠鳥。每次偶遇時，我也會花時間靜靜觀察牠的行為、羽毛色澤和習性，並對牠產生興趣。

漸漸的，我注意到這種原本生活在低海拔河川、溪流，以小魚、蝦、蛙類為主要食物的野鳥，近年出現在池塘的機率非常普遍。繼續追蹤之後，我發現這是河道不當整治導致的。以往翠鳥會在繁殖期於溪流兩岸的土坡面築巢。可是現在臺灣的溪流常採用非常不友善自然生態的「兩面光」甚至「三面光」的河道整治法，也就是用混凝土覆蓋河岸甚至河道。這樣的工程不僅無法留住水資源，更造成河川兩岸的生物浩劫，而翠鳥即是嚴重受害者之一。因此，翠鳥才紛紛遷居具有土坡面的水塘、小溪生活。希望這本書能藉由小男孩的角度，讓大家像當年的我一樣，開始好奇這樣美麗的水邊藍寶石，如果可以，也希望大家能從這裡起始去了解、關心我們周遭的生態環境。

翠鳥小檔案

閩南語稱「魚狗」，生活在低海拔河川、溪流、池塘、沼澤、或靠近出海口的淡水域，食物以小魚、蝦、蛙類為主，每天吃掉的食物重量，約占身體重量的1/2。每年三月底到七月是繁殖季。

體長約16公分，只比麻雀大一點點。身體背部和翅膀的羽毛為寶藍色，具有亮麗斑點，而橙色的腹部和白色的下巴，形成鮮豔對比。由外觀和色澤不易分辨公母性別，只能從細長的鳥喙分辨；公鳥上下喙都是黑色，母鳥的嘴則是上黑下橙。翠鳥有著紅色小腳，搭配短短的尾羽，總是高頻率的振動翅膀、貼近水面直線飛行，據說時速可達100公里。

生性機警，喜愛躲在水邊岩石或樹枝的陰暗處，動也不動一下的盯著水面。因此往往我們即使面朝翠鳥方向，若是沒有特別留意觀察，也很難發現牠的存在。

生物放大鏡

粗鉤春蜓 P10

少數生活在靜水域如湖泊、水池、沼澤的春蜓。雄蟲常棲息在突出的樹枝、雜草，雌蟲以點水產卵。成蟲於4到9月出現，數量多。

弓背細蟌 P11、12

全身幾乎都是暗紅色的豆娘，很容易辨認。分布在低海拔的溪流、溝渠等地，有時也會出現在溝渠旁的水田。

紅冠水雞 P14

閩南語稱「水加令」，母鳥一年可產兩次卵，每次3到5顆蛋，親鳥會輪流孵蛋，共同撫育雛鳥。雛鳥孵化後不久就能跟親鳥一起活動覓食。

溪神蜻蜓 P16

主要分布在臺灣南部，但因氣候變遷，最近北部某些靠山水池也陸續出現零星個體。南部成蟲除了12月，幾乎整年可見，但北部的個體只在5到8月出現。